…STIONS D'OCTROI

DE L'APPLICATION

A

L'OUTILLAGE INDUSTRIEL

DES

TARIFS D'OCTROI

FRAPPANT LES

« Constructions immobilières »

(NOTICE ET JURISPRUDENCE)

PAR

Max BOTTON

DOCTEUR EN DROIT

AVOCAT A LA COUR D'APPEL DE PARIS

PARIS

LIBRAIRIE NOUVELLE DE DROIT ET DE JURISPRUDENCE

ARTHUR ROUSSEAU

14, RUE SOUFFLOT ET RUE TOULLIER, 13

—

1908

Arthur ROUSSEAU, Editeur, 14 Rue Soufflot. — PARIS (Ve)

ANNALES
DES
CHEMINS DE FER
ET
TRAMWAYS

Revue pratique de Jurisprudence, de Législation et de Doctrine

PARAISSANT TOUS LES MOIS

Fondée et dirigée par

M. Max BOTTON

Docteur en Droit, Avocat à la Cour d'appel de Paris

Sous le Patronage de

M. Alfred PICARD

Président de la Section des Travaux publics, de l'Agriculture, du Commerce et de l'Industrie au Conseil d'Etat.

AVEC LE CONCOURS ET LA COLLABORATION DE MM.

Auburtin, Maitre des Requêtes honoraire au Conseil d'Etat. — **Aynard**, Député, ancien Président de la Chambre de Commerce de Lyon, Membre du Comité consultatif des chemins de fer. — **Baudouin**, Procureur général à la Cour de cassation. — **Berthélémy**, Professeur à la Faculté de Droit de l'Université de Paris. — **Charles Blanc**, Conseiller d'Etat, Membre du Comité consultatif des chemins de fer, ancien Préfet de police. — **Henri Chardon**, Maitre des Requêtes au Conseil d'Etat, Secrétaire du Comité consultatif des chemins de fer. — **Chavegrin**, Professeur à la Faculté de Droit de l'Université de Paris. — **Chévrier**, Conseiller à la Cour de cassation. — **Colson**, Conseiller d'Etat, Membre du Comité consultatif des chemins de fer. — **Dislère**, Président de la Section de l'Intérieur au Conseil d'Etat, Membre du Comité consultatif des chemins de fer. — **Fournier**, Président du Conseil de Préfecture de la Seine. — **Ditte**, Président du Tribunal civil de la Seine. — **Guillaumot**, Auditeur au Conseil d'Etat, Rapporteur-adjoint au Comité consultatif des chemins de fer. — **Hans Winkler**, Docteur en droit, Directeur de l'Office central des transports internationaux par chemins de fer, ancien Président du Tribunal fédéral suisse. — **Jonnart**, Député, ancien Ministre des Travaux publics, Gouverneur général de l'Algérie, Membre du Comité consultatif des chemins de fer. — **André Lebon**, ancien Ministre du Commerce et des Colonies, Membre du Comité consultatif des chemins de fer. — **Reynaud**, Conseiller à la Cour de cassation. — **Romieu**, Maitre des Requêtes au Conseil d'Etat, Professeur à l'Ecole des Sciences politiques.

Secrétaire de la Rédaction : **M. René Thévenez**, Docteur en droit.

(Neuvième année — 1908)

Mode de publication. — Chaque année les *Annales des Chemins de fer et Tramways* font paraître 12 livraisons. Chacune d'elles, imprimées sur le format in-8 raisin, contient 48 pages et

QUESTIONS D'OCTROI

DE L'APPLICATION

A

L'OUTILLAGE INDUSTRIEL

DES

TARIFS D'OCTROI

FRAPPANT LES

« Constructions immobilières »

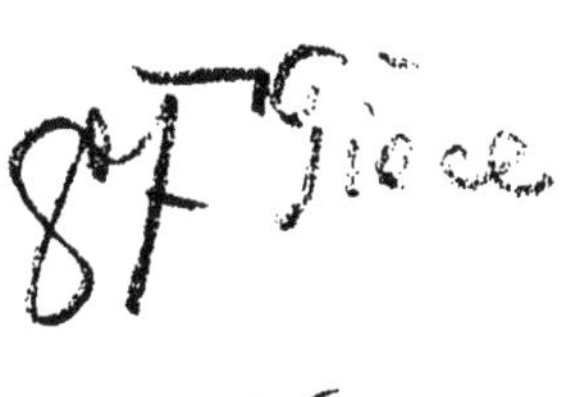

QUESTIONS D'OCTROI

DE L'APPLICATION

A

L'OUTILLAGE INDUSTRIEL

DES

TARIFS D'OCTROI

FRAPPANT LES

« Constructions immobilières »

(NOTICE ET JURISPRUDENCE)

PAR

Max BOTTON

DOCTEUR EN DROIT

AVOCAT A LA COUR D'APPEL DE PARIS

PARIS

LIBRAIRIE NOUVELLE DE DROIT ET DE JURISPRUDENCE

ARTHUR ROUSSEAU

14, RUE SOUFFLOT ET RUE TOULLIER, 13

1908

NOTICE

Un grand nombre de tarifs d'octroi assujettissent aux droits d'octroi les fers, aciers, zincs, plombs, fontes, cuivres, bronzes, etc..., destinés aux « *constructions immobilières.* »

Ces tarifs ne visent pas seulement les constructions de bâtiments, mais embrassent toutes les constructions immobilières de quelque nature qu'elles soient (1), et pourraient frapper, dans certains cas, *l'outillage industriel* C'est du moins la prétention de l'Administration de l'octroi.

A quelles conditions les divers appareils ou machines susceptibles de faire partie de l'outillage d'une usine ou d'un atelier doivent-ils être considérés, d'aprés la jurisprudence actuelle, comme des « constructions immobilières » ? C'est ce que nous nous proposons d'indiquer.

La Cour de cassation n'a pas eu encore, croyons-nous, à statuer d'une façon spéciale et précise sur l'application à *l'outillage industriel* des tarifs frappant les *constructions immobilières.* Mais une étude des arrêts qui ont interprété ces tarifs dans un certain nombre de cas, permet de préciser les conditions que doivent remplir les éléments d'un

(1) Cass., 6 juil., 1891 (V. *infra*, p. 3).

outillage industriel pour être considérés comme des « *constructions immobilières* » et assujettis aux droits, et dans quels cas, au contraire, ils échappent à la taxe.

I. — Nous croyons devoir, pour la clarté de notre exposé, limiter le terrain de notre discussion en exposant une théorie, qui a été défendue et l'est encore par l'Administration de l'octroi, et dont la réfutation aura pour effet d'éliminer l'application de la taxe d'octroi pour toute une partie de l'outillage industriel qui ne saurait être comprise sous la dénomination de « *constructions immobilières.* »

Certaines Villes soutiennent et prétendent faire admettre par les tribunaux la thèse suivante : les mots « *constructions immobilières* » employés dans les tarifs d'octroi désignent les immeubles ; le Code civil, dans les art. 517 et suivants, indique quels biens sont meubles et quels sont immeubles ; il suffit donc de faire application de ces textes dans chaque espèce pour déterminer si l'on se trouve ou non en présence d'une construction immobilière. Tel objet est-il immeuble, que ce soit par nature ou par destination, peu importe : il est imposable. Ne rentre-t-il au contraire dans aucune des catégories d'immeubles établies par les art. 517 et suivants : il est exempt des droits.

Un tel système appliqué à l'outillage industriel aurait pour lui le mérite de la simplicité et il aurait pour les villes l'avantage de faire appliquer les droits d'octroi à une grande partie de l'outillage industriel qui présente souvent le caractère d'immeuble par destination.

Mais cette théorie ne peut s'accorder avec la terminologie employée par les tarifs et viole ce principe général du droit fiscal : les textes, qui établissent des taxes doivent être interprétés restrictivement.

Si, en effet, il était admis en principe que l'expression « *construction immobilière* » comprend les immeubles par destination comme les immeubles par nature, en ce qui concerne l'outillage industriel, on aboutirait à cette conséquence que non seulement les machines importantes faisant corps avec l'usine seraient imposables, mais encore les outils manuels les plus petits, les plus mobiles tels que marteaux, limes, pinces, tenailles, etc...

Comment soutenir cependant, avec vraisemblance, et sans une interprétation abusive des textes, que ces objets, qui ont un caractère éminemment mobilier, constituent des *constructions immobilières* !

Aussi la jurisprudence repousse la prétention émise par certaines villes et il a été jugé, notamment par la Cour de cassation, que le caractère d'immeuble par destination est exclusif de celui d'*immeuble par nature* lequel est « *nécessaire* pour servir de base à des perceptions d'impôts au titre immobilier (1). »

Si nous remarquons de plus que la Cour de cassation a jugé que certains objets étaient soumis à la taxe sur les constructions immobilières par le motif qu'ils constituaient des immeubles par *nature* (2) nous estimons devoir prendre pour guides ces deux principes.

---

(1) Cass., 17 juill. 1893 (V. *infra*, p. 15).
(2) Cass., 9 nov. 1898 et 31 octobre 1900 (V. *infra*, p. 19)

1° Les immeubles par *destination* ne sont jamais des *constructions immobilières* au sens d'un tarif d'octroi.

2° Le caractère d'immeuble par *nature* est nécessaire pour l'assujettissement aux droits frappant les *constructions immobilières* (1).

II. — L'outillage industriel ne sera donc pas imposable quand il sera immeuble par destination.

Le Code civil (art. 524) divise les immeubles par destination en deux catégories :

a) Les objets attachés au service d'un fonds pour son exploitation, soit agricole, soit industrielle.

---

(1) Nous devons signaler ici un arrêt de la Cour de cassation du 19 juillet 1902 (*supra*, p. 23), qui a décidé qu'un gazomètre constituait « une construction immobilière », bien qu'il n'adhérât au sol que par son propre poids, et qu'il ne fût relié aux constructions que par des tuyaux fixés au moyen de boulons. Pour justifier sa décision, la Cour de cassation s'est appuyée sur la nécessité que présentait cet appareil pour le fonctionnement de l'usine et a déclaré que toute usine à gaz, comportant l'union intime du gazomètre avec le four de distillation et les tuyaux de distribution, quelque fût le mode employé pour les rattacher l'une à l'autre, formait un tout indivisible ayant le caractère d'une construction immobilière. Les motifs qui ont déterminé la Cour de cassation nous échappent, car un gazomètre construit dans de semblables conditions, n'étant pas fixé au sol et étant uni au bâtiment et aux tuyaux de distribution par des attaches qui permettaient de l'en séparer sans aucune détérioration, ne constituait certainement pas un immeuble par nature. Peut-être aurait-on pu soutenir que c'était un immeuble par destination industrielle. Mais en présence des principes qui se dégagent de l'ensemble de la jurisprudence et pour les raisons que nous avons exposées on ne saurait admettre comme des « constructions immobilières » les immeubles de cette catégorie. Cet arrêt est donc, à notre sens, un arrêt d'espèce et des circonstances spéciales ont dû entraîner la décision de la Cour ; c'est pourquoi nous estimons qu'on ne peut en tirer un argument de principe contre l'opinion que nous soutenons relativement à l'outillage industriel.

b) Les immeubles attachés au fonds à perpétuelle demeure.

Pour que des objets soient des immeubles par destination industrielle il faut et il suffit : que le bâtiment auquel ils sont affectés ait été spécialement construit ou aménagé en vue de l'exploitation industrielle ; que les objets dont il s'agit soient nécessaires à l'exploitation du fonds ; qu'ils aient été placés par le propriétaire du fonds. Il n'est pas nécessaire qu'un lien matériel, qu'une attache matérielle existe entre l'objet et le fonds.

Il y aura immobilisation par destination à perpétuelle demeure si l'objet a été uni au fonds par le propriétaire au moyen d'une attache matérielle destinée à l'y maintenir à perpétuité ; peu importe d'ailleurs que le dit objet soit nécessaire ou non à l'exploitation du fonds.

L'outillage industriel peut rentrer dans l'une ou l'autre de de ces classes.

La plus grande partie doit figurer dans la première : c'est l'outillage mobile et facilement transportable ; c'est l'outillage plus lourd et les machines plus importantes adhérant au sol ou à des socles en maçonnerie par leur propre poids et susceptibles d'être transportées à l'aide de leviers puissants ; c'est enfin l'outillage fixé au bâtiment par des vis ou des boulons ou tout autre mode d'attache permettant de le déplacer sans aucune détérioration.

Tout cet outillage sera immeuble par destination industrielle s'il a été placé par le propriétaire pour l'exploitation d'un immeuble spécialement construit à cet effet, et, par suite, il ne sera pas imposable.

Il en sera de même de l'outillage rentrant dans la deuxième catégorie, c'est-à-dire immobilisé à perpétuelle demeure.

Aux termes de l'art. 525 C. civ. « le propriétaire « est censé avoir attaché à son fonds des effets mobi- « liers à perpétuelle demeure, quand ils sont scellés « en plâtre, à chaux ou à ciment ou lorsqu'ils en « peuvent être détachés sans être fracturés et détério- « rés ou sans briser ou détériorer la partie du fonds « à laquelle ils sont attachés. »

L'outillage industriel rentrant dans cette catégorie sera donc celui qui se trouvera scellé au fonds par des attaches énergiques et qui ne pourra en être séparé sans détérioration ou démolition, lorsqu'il aura été placé par le propriétaire dans un bâtiment qui n'a pas été spécialement aménagé pour le recevoir.

III. — Nous avons indiqué la régle résultant, soit formellement, soit implicitement de la jurisprudence et exigeant le caractère d'immeuble par *nature* pour la perception d'impôts au titre immobilier. L'outillage industriel ne devra donc être considéré comme une construction immobilière que lorsqu'il constituera un immeuble par nature.

Mais dans quels cas, à quelles conditions l'outillage industriel sera-t-il immeuble par nature ? Pour répondre à cette question délicate nous croyons que le plus sûr et même le seul procédé à employer est de rechercher quels motifs ont été pris en considération par les tribunaux dans les cas qui leur ont été soumis, pour déclarer que telle construction était ou n'était pas une construction immobilière et de rechercher le cas où les mêmes raisons de décider se retrouveront par analogie pour l'outillage industriel.

La Cour de cassation a jugé que des constructions avaient le caractère de *constructions immobilières* lorsqu'elles étaient fixées au sol par des attaches destinées à l'y maintenir à perpétuelle demeure, lorsqu'elles étaient parties intégrantes d'un bâtiment, lui étaient incorporées et formaient avec lui un tout indivisible (1).

Il a été jugé d'autre part que la qualification de *constructions immobilières* ne pouvait être appliquée : 1° à des réservoirs à pétrole qui n'étaient ni unis ni incorporés au sol, qui adhéraient simplement à des socles en maçonnerie par leur propre poids, ne pouvaient être regardés comme établis d'une manière définitive et à perpétuelle demeure et étaient au contraire susceptibles d'être déplacés (2) ; 2° à des chambres de plomb et à des tours de Glover et de Gay Lussac, qui adhéraient également à des socles en maçonnerie par leur seul poids, pouvaient être démontées, remplacées et remontées sans démolir ou porter atteinte à la maçonnerie à laquelle elles étaient attachées, ne faisaient partie intégrante du fonds et n'étaient pas incorporées avec lui à perpétuelle demeure (3).

Faisant application de ces décisions à l'outillage industriel, on doit décider que cet outillage sera

---

(1) Cass., 31 oct. 1900, 9 nov. 1898 et 6 juil. 1891 (V. *infra*, p. 24, 19, 13).

(2) Cass., 17 juil. 1893 (*infra*, p. 14).

(3) Cass., 19 oct. 1898 ; (*infra*, p. 16).

immeuble par nature lorsqu'il sera fixé au bâtiment par des attaches destinées à l'y maintenir à perpétuelle demeure, lorsqu'il sera uni et incorporé à l'usine, qu'il ne pourra être démonté et déplacé sans détérioration, qu'il constituera une partie intégrante de l'usine et formera avec elle un tout indivisible.

C'est ce qui a été jugé par une récente décision du tribunal civil de Rochefort (1). « Il faut, dit ce jugement, en ce qui concerne les immeubles industriels, que l'outillage soit non seulement fixé à perpétuelle demeure mais encore qu'il fasse corps et se confonde comme partie intégrante avec l'usine au point que la consistance de celle-ci soit modifiée par le déplacement ou le changement des éléments constituant cet outillage ».

Il est nécessaire, en un mot, pour que l'outillage industriel qui a naturellement un caractère mobilier devienne une construction immobilière, qu'il perde son individualité propre pour se fondre dans l'usine dont il devient un élément constitutif et intégrant.

Deux conditions sont donc nécessaires et suffisantes pour que l'outillage industriel soit immeuble par nature et, par suite, soumis aux droits d'octroi comme construction immobilière : il faut d'abord que l'outillage soit scellé à plâtre, à chaux ou à ciment, au sol ou au bâtiment, qu'il y soit fixé par des attaches destinées à l'y maintenir à perpétuelle demeure.

Cette union matérielle avec le bâtiment doit être

---

(1) Tribunal de Rochefort-sur-Mer, 3 juill. 1907 (V. *infra*, p. 24).

telle que la machine ne puisse être démontée ou déplacée sans détérioration.

Si elle est simplement fixée par des vis ou des boulons, sur un socle en pierre ou en bois, et, à plus forte raison, si elle adhère simplement par son propre poids au sol ou à un bâti en maçonnerie, il n'y a pas immeuble par nature ; il n'y a pas *construction immobilière.*

Le scellement de la machine doit même exister de la façon la plus énergique et l'on ne saurait se contenter d'un léger revêtement en chaux ou en ciment. Si un pareil mode d'attache n'a pour but et pour effet que d'assurer la stabilité de la machine, il n'aura pas pour conséquence de l'immobiliser car il serait impossible de considérer celle-ci comme incorporée au bâtiment, comme en faisant partie intégrante.

Une union absolue et permanente de l'outillage et du bâtiment, une pénétration, une incorporation de l'un dans l'autre est donc indispensable.

Mais cette seule condition ne suffit pas, sinon il n'y aurait aucune différence entre l'immobilisation par perpétuelle demeure et l'immobilisation par nature ; il faut encore que l'usine à l'exploitation de laquelle l'outillage est affecté ait été construite ou aménagée en vue de le recevoir et que l'outillage ait lui-même été construit en vue de trouver place dans tel bâtiment déterminé.

L'outillage industriel, qui est par lui-même d'une nature essentiellement mobilière, ne peut devenir immeuble par nature, que s'il perd son individualité, s'il se fusionne, s'identifie avec le bâtiment de l'usine, de telle sorte qu'il ne puisse en être séparé sans qu'il en résulte « une modification essentielle dans la la constitution de l'usine » (1).

Or, l'outillage ne perd son caractère propre et indépendant que si, étant construit d'une forme et de dimensions déterminées, il est incorporé à un bâtiment spécialement aménagé pour le recevoir. Il ne peut alors en être séparé sans qu'il en résulte pour l'usine un démembrement, une défiguration et alors seulement il est rigoureusement vrai de dire qu'il en est une partie intégrante et qu'il forme avec elle un tout indivisible.

Les deux conditions que nous venons d'indiquer sont l'une et l'autre nécessaires pour qu'un outillage industriel constitue un immeuble par nature, mais elles suffisent pour lui imprimer ce caractère et, spécialement, il n'y a pas lieu de rechercher si l'auteur de l'immobilisation est le propriétaire lui-même ou tout autre ayant-droit.

La conclusion de ce qui précède est donc que les tarifs d'octroi frappant les « *constructions immobilières* » ne sont susceptibles de s'appliquer qu'aux immeubles par nature ; l'outillage industriel n'est donc assujetti aux droits que dans le seul cas où il revêt ce caractère, et il n'est immeuble par nature qu'à la double condition : 1° d'être fixé à un bâtiment ou au sol par des attaches destinées à l'y maintenir à perpétuelle demeure ; 2° d'être affecté à une usine spécialement aménagée pour le recevoir et dont il constitue un élément essentiel et définitif (2).

---

(1) Tribunal de Rochefort-sur-Mer, 3 juill. 1907 (V. *infra*, p. 24).

(2) Il est intéressant de rapprocher de la question que nous venons de traiter celle de savoir quelles sont, en matière d'impôt foncier,

les conditions que doit remplir un outillage industriel pour être considéré comme immeuble et être soumis à l'impôt. Pour mieux comprendre l'intérêt de ce rapprochement, on devra se reporter à un arrêté du Conseil de préfecture de la Seine, en date du 11 juin 1895, et, surtout, consulter le *Rapport de la Commission des contributions directes de la Ville de Paris* qui a précédé cette décision. Voici quelques extraits de ce rapport :

« Ainsi, nous estimons qu'on ne saurait considérer comme immeu-« bles par nature des machines, pour si puissantes qu'elles soient, « pour si considérable que soit leur volume, lorsqu'elles sont sim-« plement fixées au moyen de boulons sur des socles en pierre ou en « bois, spécialement installés pour les recevoir, et reposant eux-« mêmes sur un lit de béton. Le bâti destiné à recevoir les machines « est sans contredit un immeuble par nature, c'est une partie cons-« titutive du bâtiment ; mais les machines elles-mêmes conservant « leur caractère, leur physionomie, leur indépendance propres, ne « sont pas immeubles par nature.

« On peut même ajouter que la condition d'adhérence et de cohé-« sion avec le bâtiment, devrait exister à son degré maximum pour « l'immobilisation par nature ; le lien devrait être plus énergique « encore que pour l'immobilisation par destination. Tandis que, pour « cette dernière, on pourrait se contenter d'un simple revêtement en « plâtre, en chaux ou en ciment, qu'il suffirait de briser pour déta-« cher la machine de l'immeuble, il faudrait être plus exigeant en « ce qui concerne l'immobilisation par nature ; il faudrait que la « machine fût encastrée dans le sol, dans le plafond ou dans les « murs du bâtiment, de telle sorte qu'il y eût pénétration de l'une « dans l'autre, et qu'on ne pût pas, à première vue, se rendre compte « du point exact où la machine s'arrête et où la maçonnerie du bâ-« timent commence, de telle sorte aussi dans bien des cas, qu'en « enlevant la machine, on porterait atteinte à la solidité même du « bâtiment.

« Il semble bien que le Conseil d'Etat s'inspire de considérations « analogues quand il déclare qu'en principe : on ne peut assujet-« tir les machines à la contribution foncière que lorsqu'elles consti-« tuent une partie intégrante du fonds, un élément incorporé aux « constructions.

. . . .

« En résumé, l'outillage industriel peut être, suivant les cas, « meuble, immeuble par destination ou immeuble par nature.

« Sont meubles les machines qui ont été placées par un locataire « dans l'immeuble, lorsqu'elles ne réunissent pas les deux conditions « suivantes :

« Affectation industrielle de l'immeuble,

« Et fixation à perpétuelle demeure.

« Elles ne sont pas plus imposables, légalement, que ne l'étaient

« les bains et moulins sur bateaux, les bacs, etc., réputés meubles « avant la promulgation de la loi du 18 juillet 1836.

« Les machines sont immeubles par destination, si elles ont été « placées par le propriétaire dans l'immeuble, lorsqu'une seule des « deux conditions se trouve remplie :

« Affectation industrielle de l'immeuble,

« ou Fixation à perpétuelle demeure.

« Alors elles ne sont pas imposables.

« Au contraire, les machines sont immeubles par nature, qu'elles « aient été placées dans l'usine par le propriétaire ou par un loca- « taire, lorsque les deux conditions concourent :

« Affectation industrielle de l'immeuble,

« et Fixation des machines à perpétuelle demeure.

« Alors seulement elles sont passibles de la contribution foncière.

« Telle est la solution qui résulte de la combinaison de la loi du « 3 frimaire an VII, avec les principes généraux qui régissent la « distinction des biens ». — (*Jurisprudence des Conseils de préfecture*, 1902, p. 170).

JURISPRUDENCE

Octroi. — Constructions immobilières. — Pont tournant. — Machine motrice.

Un pont, bien que mobile et tournant, doit être considéré comme une construction immobilière, alors qu'il est fixé au sol par des attaches destinées à l'y maintenir à perpétuelle demeure.

Il en est de même de la machine motrice de ce pont ou devant lui servir de lest, qui, étant d'une forme particulière, est reliée à ce pont par d'importantes substructions, en forme une partie intégrante, et est indispensable à son fonctionnement.

En conséquence, les fers et fontes employés à ces constructions sont assujettis aux droits d'octrois qui frappent « les fers et fontes pouvant entrer dans les constructions immobilières ».

Cour de cassation, 6 juillet 1891. — M. Bédarrides, prés. — M. Petit, cons. rapp. — M. Chévrier, av. gén. — (*Société des ponts et travaux en fer c. Ville de Dieppe*). — Me Sabatier, av.

La Cour,

Sur le moyen unique pris de la violation de l'art. 73 du règlement et tarif de l'octroi de la ville de Dieppe, approuvé par décret du 29 décembre 1887 et des art. 524 et 525 Code civil ;

Attendu que l'art. 73 du tarif de l'octroi de la ville de Dieppe, approuvé par décret du 29 septembre 1887, assujettit au droit les fers et fontes pouvant entrer dans les constructions immobilières; que les mots constructions immobilières ne sont pas synonymes des mots constructions des bâtiments ;

qu'ils ont un sens plus large et embrassent toutes les constructions immobilières, de quelque nature qu'elles soient ;

Attendu que le jugement attaqué déclare en fait : 1° que les bâtiments et constructions dont il s'agit au procès ont été élevés pour assurer le fonctionnement du pont du Pollet qui relie le port de Dieppe à la route nationale n° 25 coupée par le nouveau chenal et qui, bien que mobile et tournant, est fixé au sol par des attaches destinées à l'y maintenir à perpétuelle demeure ; 2° que les pièces de fonte servant de lest, d'une forme particulière, d'un poids et d'une place déterminées à l'avance, indispensables audit fonctionnement, sont devenues et forment une partie intégrante du pont de Pollet ; qu'en décidant, par suite, que les fers et fontes employés à ces constructions sont entrés dans des constructions immobilières, le jugement a sainement interprété et exactement appliqué l'art. 73 du tarif et qu'il n'a nullement violé les art. 524 et 525 Code civ.

Rejette...

Octroi. — Constructions immobilières. — Réservoirs à pétrole non incorporés au sol. — Caractère d'immeuble par nature nécessaire pour la perception des droits.

Des réservoirs à pétrole, qui ne sont ni unis ni incorporés au sol, mais simplement posés sur un socle auquel ils adhèrent par leur propre poids, et qui, bien loin d'être établis d'une façon définitive et à perpétuelle demeure, peuvent au contraire être déplacés sans détérioration, ne constituent pas des constructions immobilières, et ne rentrent pas dans les termes d'un tarif d'octroi qui assujettit au droit « des poitrails, solives, pièces pour combles, marches d'escalier et autres pièces en fer ou en fonte façonnées pouvant entrer dans les constructions immobilières ». Si ces réservoirs peuvent être considérés comme des immeubles par destination, cette attribution de caractère est elle-même exclusive du caractère d'immeuble par nature, nécessaire pour servir de base à des perceptions d'impôts au titre immobilier.

Cour de cassation, 17 juillet 1893. — M. Mazeau, prés. — M. Féraud-Giraud, cons. rapp. — M. Sarrut, av. gén. — (*Octroi de Rouen c. Fenailles et Despeaux*). — Mes Lefort et de Ramel, av.

La Cour,

Sur les deux moyens du pourvoi :

Attendu que, d'après le tarif de l'octroi de Rouen, un droit n'est dû que sur les « poitrails, solives, pièces pour combles, marches d'escaliers et autres pièces en fer et en fonte façonnées pouvant entrer dans les constructions immobilières » ;

Attendu qu'il est constaté, par le jugement attaqué, que les pièces, à raison desquelles un droit était réclamé, ont été employées à édifier des réservoirs pour faciliter le déchargement du pétrole apporté en vrac sur les navires ; que ces réservoirs ne sont ni unis, ni incorporés au sol ; qu'ils sont posés sur un socle, où ils sont maintenus sans aucune adhérence par leur propre poids ; qu'ils ne sont donc pas immeubles par nature et n'ont point été employés à des constructions immobilières ;

Attendu qu'il est constaté, en outre, qu'ils se trouvent placés partie sur le sol des usiniers, partie sur le quai de Rouen par suite d'une tolérance de l'Administration, pour transmettre le pétrole des navires qui le débarquent à l'intérieur des usines enfermées dans un terrain distinct et clos de murs ; qu'ils ne constituent pas une annexe établie d'une manière définitive et à perpétuelle demeure, qu'ils peuvent au contraire être déplacés suivant les convenances des usiniers sans porter aucune atteinte à des constructions immobilières ;

Attendu que si, à raison du service auquel ils sont temporairement affectés, ces réservoirs peuvent être considérés, en dehors de leur nature propre, comme des immeubles par destination, cette attribution de caractère, avec les effets légaux qu'elle comporte dans certains cas, est elle-même exclusive du caractère d'immeuble par nature, nécessaire pour servir de base à des perceptions d'impôts au titre immobilier ;

Attendu que les tuyaux joints à ces réservoirs n'en sont que l'accessoire et participent, par suite, de leur nature ;

qu'en l'état des circonstances relevées par le jugement attaqué, il a pu, sans violer aucune loi, rejeter la demande de l'octroi de Rouen ;

Par ces motifs,

Rejette le pourvoi.

Octroi. — Constructions immobilières. — Chambres de plomb. — Tours de Glover et de Gay-Lussac. — Non-assujettissement aux droits.

Le tarif d'octroi, qui frappe les « plombs destinés à la construction immobilière », ne comprend sous cette dénomination que les plombs employés à des constructions, qui font partie intégrante d'un fonds, sont incorporées avec lui, et peuvent être considérées comme établies à perpétuelle demeure.

En conséquence, les appareils d'une usine consistant : 1° en des chambres de plomb encastrées dans des piliers de bois non fondés dans le sol et reliées entre elles par des traverses de bois auxquelles elles sont fixées par des clous ; 2° en tours de Glover et de Gay-Lussac assises sur des socles en maçonnerie auxquels elles adhèrent par leur propre poids, ne sauraient être considérés comme des constructions immobilières, alors qu'ils peuvent être démontés, remontés ou remplacés sans qu'il soit nécessaire de les démolir ou de porter atteinte à la maçonnerie sur laquelle ils reposent.

Le caractère d'immeubles par destination qui résulte pour ces appareils des termes de l'art. 524 C. civ., est exclusif par lui-même du caractère d'immeuble par nature, qui serait nécessaire pour servir de base à des perceptions de droits d'octroi au titre immobilier.

Cour de cassation, 19 octobre 1898. — M. Tanon, prés. — M. Petit, cons. rapp. — M. Melcot, av. gén. — (*Octroi d'Yvry-sur-Seine c. Jourdrain et Cie*). — Me Aubert, av.

MM. Jourdrain et Cie, fabricants d'acide sulfurique, ont fait appel d'un jugement rendu par le Tribunal de paix de Villejuif à la date du 24 septembre 1895, qui déclarait que les droits applicables d'après le tarif de l'octroi aux « plombs destinés à la construction immobilière » avaient été légitimement perçus sur les plombs introduits par eux dans le périmètre de l'octroi pour la construction des chambres de plomb et des tours de Glover et de Gay-Lussac de leur usine.

Sur cet appel, le Tribunal civil de la Seine a rendu le 18 février 1896, le jugement infirmatif dont la teneur suit :

LE TRIBUNAL.

Attendu, en droit, que le *caractère mobilier ou immobilier* d'une chose ne dépend plus nécessairement de ses dimensions ; qu'il faut rechercher surtout si elle fait partie intégrante du fonds, ou si elle a été incorporée avec lui ;

Attendu que les chambres de plomb dont il s'agit sont suspendues au moyen de pattes en plomb et de clous à l'encadrement en bois qui les entoure, de façon à ce que leur base vienne plonger dans le liquide qui forme point hydraulique ; qu'il n'est pas établi que ces piliers de bois soient fondés dans le sol ; que les tours de Glover et de Gay-Lussac sont simplement posées sur des socles en maçonnerie sur lesquelles elles adhèrent par leur propre poids, sans être en aucune façon scellées ou fixées au sol ; que, dès lors, ces pièces, malgré leur importance et leurs dimensions, ne sauraient être considérées comme des immeubles par nature ; qu'elles rentrent au contraire exactement dans la définition de l'art. 524 C. civ. aux termes duquel les chaudières, alambics, cuves et les ustensiles nécessaires à l'exploitation des forges, papeteries et autres usines sont immeubles par destination ; qu'il s'agit, en effet, d'un matériel industriel et d'appareils nécessaires à l'exploitation de la fabrique d'acide sulfurique de Jourdrain et Cie ;

Attendu que cette qualification d'immeuble par destination, qui résulte, pour ces appareils, des termes de l'art. 524 C. civ. est exclusive par elle-même du caractère d'immeuble par nature, qui serait nécessaire pour servir de base à des perceptions de droit d'octroi au titre immobilier ;

Attendu d'ailleurs que ces pièces, notamment les tours de Glover et de Gay-Lussac, pourraient être démontées, remplacées et remontées sur un autre point, pour être, par exemple, affectées à un autre usage, sans qu'il soit nécessaire de procéder à une démolition et sans porter atteinte à la maçonnerie sur laquelle elles reposent : qu'on ne saurait donc les considérer comme établies à perpétuelle demeure ; que si, à la vérité, ces appareils sont reliés entre eux par des tuyaux ou conduites d'une dimension plus ou moins grande, ces tuyaux n'en sont que l'accessoire et y participent par suite de leur nature ; que, par leur nature, ces appareils ont le caractère d'objets mobiliers et n'ont acquis le caractère immobilier que par leur affectation et leur destination à l'industrie des appelants ;

Attendu, dans ces conditions, qu'ils ne tombent à aucun titre sous l'application du tarif qui ne vise que les matériaux destinés à entrer dans la construction immobilière ; qu'il est de principe, d'ailleurs, que les tarifs d'octroi doivent être appliqués strictement ; qu'il y a lieu, dès lors, d'infirmer le jugement dont est appel.

Par ces motifs,

Infirme, ordonne la restitution des droits d'octroi...

Sur le pourvoi formé contre ce jugement par la commune d'Ivry, la Cour de cassation a statué en ces termes :

La Cour,

Sur le moyen unique, pris de la violation des art. 518, 519, 524 et 525 C. civ., de l'art. 1er du règlement de l'octroi de la commune d'Ivry-sur-Seine, ainsi que du tarif qui y est annexé ;

Attendu que le jugement attaqué constate en fait : 1° que les chambres de plomb de l'usine de fabrication d'acide sulfurique des défendeurs éventuels sont encastrées dans les piliers de bois, non fondés dans le sol, reliés entre eux par des traverses également en bois, et que les parois de ces chambres y adhèrent par des pièces en saillie fixées aux dites traverses par des clous ; 2° que les tours de Glover et de Gay-Lussac également en plomb, sont assises sur des socles en maçonnerie auxquels elles adhèrent par leur propre poids ; 3° que ces divers appareils pourraient être démontés, remplacés et remontés, sans qu'il fût nécessaire de les démolir ni de porter atteinte à la maçonnerie sur laquelle ils reposent ;

Attendu qu'en décidant, en l'état de ces constatations que, quels que soient leurs dimensions et leur mode d'assemblage, on ne saurait considérer ces chambres et ces tours comme établies à perpétuelle demeure et comme constituant des immeubles, et que, par suite, le plomb employé à leur confection n'a pu être frappé du droit auquel le tarif de l'octroi de la commune d'Ivry-sur-Seine soumet ce métal, quand il est destiné à la construction immobilière, le Tribunal n'a violé ni les articles du Code civil, ni le règlement et le tarif susvisés ;

Rejette...

I. — Octroi. — Constructions immobilières. — Tuyaux employés à des canalisations souterraines. — Immeubles par nature. — II. — Exemption. — Admission à l'entrepôt. — Formalité nécessaire.

I. — Un tarif d'octroi, qui assujettit aux droits les fontes destinées à des constructions immobilières, frappe les tuyaux en fonte employés à des canalisations souterraines sous la voie publique ; de semblables canalisations, s'incorporant au sol, constituent comme lui des immeubles par nature, et revêtent par suite le caractère de constructions immobilières.

II. — Une Compagnie d'adduction d'eaux, qui a introduit dans le périmètre d'un octroi des tuyaux de fonte, ne saurait invoquer le bénéfice de l'exemption dont jouissent les objets qui ne sont pas destinés à la consommation locale, alors qu'elle a introduit les dits tuyaux sans demander l'admission à l'entrepôt ni faire la déclaration d'emploi.

Cour de cassation (Ch. civ.), 31 octobre 1900. — M. Ballot-Beaupré, prés. — M. Faye, cons. rapp. — M. Desjardins, av. gén. — (*Ville de Honfleur c. Degoix*). — Me Boivin-Champeaux, av.

LA COUR,

Sur le moyen unique du pourvoi ;

Vu le tarif de l'octroi de la ville de Honfleur et le décret du 26 décembre 1892 ;

Attendu qu'il résulte du jugement attaqué que Degoix a

introduit, en 1895, dans le périmètre de l'octroi de la ville de Honfleur, des tuyaux en fonte destinés à une canalisation souterraine pour l'adduction des eaux de la ville, canalisation dont il avait entrepris la construction pour partie ;

Attendu que le tarif susvisé, en vigueur depuis le 1er janvier 1902 jusqu'au 31 décembre 1897, assujettissait à un droit de 2 fr. par 100 kilos les fers de toute espèce, zinc, plomb, cuivre, fonte façonnée ou non, destinés à la construction des bâtiments ou autres travaux dans lesquels ces objets remplacent les matériaux imposés ; que le décret du 26 décembre 1892 a restreint l'application de cet article dans les termes suivants : « Ne sont pas approuvées les dites délibérations en tant qu'elles auraient pour objet l'imposition des métaux autres que ceux destinés à des constructions immobilières ».

Attendu que les tuyaux en fonte dont il s'agit rentraient clairement et sans équivoque dans les prévisions du tarif modifié ; que la canalisation établie par la ville sous la voie publique devenait un immeuble par son incorporation dans le sol et avait, dès lors, le caractère d'une construction immobilière ; qu'il résulte du jugement attaqué lui-même qu'aucune contestation ne pouvait s'élever dans l'espèce sur la destination de ces matériaux et qu'ils l'ont effectivement reçue ; qu'ils remplaçaient bien des objets imposés comme le stipulait le tarif, puisqu'ils étaient employés dans la construction aux lieu et place des tuyaux en terre cuite ou en ciment, qui sont nommément assujettis aux droits ;

Attendu qu'enfin, si la rédaction trop large de l'article n'a pas été modifiée, sur l'affiche en conformité du décret, c'est à tort que le tribunal prétend que Degoix a pu être induit en erreur par cette négligence, puisque les droits qui lui étaient réclamés portaient sur des objets certainement compris dans le tarif public, et qui ont été expressément maintenus par l'antorité supérieure ; qu'en décidant le contraire et en ordonnant la restitution des droits perçus, par le motif « qu'il y avait au moins un doute sérieux sur la régularité de la perception », et que, dès lors, il y avait lieu d'interpréter le tarif « plutôt en faveur de Degroix qu'en faveur de l'octroi », le jugement attaqué a violé les texte susvisés.

Casse...

Cour de cassation, 9 novembre 1898. — M. Tanon, prés. — M. Petit, cons. rapp. — M. Puech, av. gén. — (*Cie générale des eaux c. commune de Suresnes*). — Me Cordoën, av.

LA COUR,

Sur le moyen tiré de la violation de l'art. 1er de la loi du 5 ventôse an 8, de l'art. 11 de l'ordonnance du 9 décembre 1814, et de l'art. 148 de la loi du 28 avril 1816, ainsi que de la fausse application du décret du 12 février 1870 ;

Attendu que le tarif de l'octroi de la commune de Suresnes assujettit aux droits « les fers de toute espèce, zinc, plomb, fonte et acier façonnés ou non, destinés aux constructions immobilières » ; que, dans le courant du mois de mai, juin juillet et août 1895, la Compagnie générale des Eaux a acquitté sans protestation ni réserve, en conformité de cette disposition, la somme de 9,113 fr. 34 pour une quantité totale de 607.538 kilos de tuyaux de fonte qu'elle a introduits ;

Attendu que ladite Compagnie a soutenu devant la juridiction d'appel et qu'elle prétend encore dans son pourvoi que, les taxes d'octroi ne pouvant porter que sur les objets destinés à la consommation locale, les tuyaux dont il s'agit en étaient affranchis, parce qu'ils ont servi d'une manière publique et sans qu'il soit possible de le contester, à conduire les eaux à diverses communes du département de la Seine situées au nord de Paris, en traversant simplement Suresnes sans qu'il en fut rien distrait pour le périmètre assujetti ;

Attendu que la décision attaquée a justement écarté cette prétention, en se fondant sur ce que, pour bénéficier de l'exemption, la Compagnie aurait dû, ce qu'elle n'a pas fait, remplir une condition préalable, imposée par le règlement et le tarif de l'octroi, à savoir, demander l'admission à l'entrepôt ou déclarer l'emploi particulier qu'elle consentait donner à ses tuyaux, demande ou déclaration qui, seules auraient permis le contrôle et la vérification de cet emploi ; qu'en statuant ainsi elle n'a ni violé ni faussement appliqué aucun des textes sus-visés ;

Sur le deuxième moyen, pris de la violation des règlements et tarif de l'octroi de Suresnes et des art. 518, 523 et 525 Code civ.;

Attendu que les tuyaux de fonte employés par la Compagnie à la construction d'une canalisation dans les voies publiques se sont identifiés avec le sol ; qu'ils constituent comme lui un immeuble par nature, bien qu'ils aient étaient placés par un possesseur à titre précaire au lieu de l'être par le propriétaire du fond ; qu'en décidant en conséquence qu'ils ont été à bon droit soumis à la taxe qui frappe les fontes destinées aux constructions immobilières, le tribunal civil n'a violé ni les règlement et tarif sus-visés, ni les articles précités du Code civil ;

Rejette...

Octroi. — Constructions immobilières. — Gazomètre. — Assujettissement aux droits.

Un gazomètre dont la cuve est reliée tant aux bâtiments de l'usine qu'aux tuyaux de distribution du gaz, ne peut être considéré comme un appareil indépendant des constructions auxquelles il est rattaché, alors même que la cuve repose sur une aire en béton sans être fixée au soubassement auquel elle n'adhère que par son propre poids, et qu'elle peut être déplacée sans porter atteinte aux constructions. Un gazomètre ainsi établi, et dont le plan est déterminé par sa destination, est un intermédiaire indispensable pour la fabrication et la distribution du gaz, et quelque soit le mode employé pour le rattacher au four de distillation et aux tuyaux de distribution, il forme avec eux un tout indivisible et ayant le caractère d'une construction immobilière.

Dès lors, les fers et fontes employés à la construction d'un gazomètre tombent sous l'application du tarif d'octroi qui assujettit aux droits les fers, fontes et aciers de toute nature destinés aux constructions immobilières.

Cour de cassation, 29 juillet 1902. — M. Ballot-Beaupré, prés. — M. Faye, cons. rapp. — M. Melcot, av. gén. — (*Ville de Dijon c. Cie Gaz et Eaux*). — Mes Frenoy et Aguillon, av.

Sur le pourvoi formé contre un jugement du Tribunal civil de Dijon du 13 avril 1900, la Cour de cassation a rendu l'arrêt dont la teneur suit :

La Cour,

Sur le premier moyen du pourvoi :

Vu le tarif de l'octroi de la Ville de Dijon, qui assujettit aux droits d'entrée « les fers, fontes et aciers de toute nature destinés aux constructions immobilières » ;

Attendu que le jugement dénoncé pour refuser d'attribuer au gazomètre établi par la Compagnie défenderesse dans son usine à gaz le caractère d'une construction immobilière s'est fondée sur ce que la cuve repose sur une aire en béton « sans être fixée au soubassement, et qu'il n'a d'autre adhérence avec le plan de ce soubassement que celle résultant de son propre poids », sur ce qu'il pourrait être déplacé sans porter atteinte aux constructions et au fonds, et sur ce que les tuyaux d'entrée et de sortie du gaz sont « fixés à la cuve par des joints à brides simplement boulonnés » ;

Mais attendu qu'il résulte de ces constatations mêmes que la cuve est reliée tant aux bâtiments de l'usine qu'aux tuyaux de distribution du gaz ;

Attendu que par sa nature et par l'emploi auquel il est affecté, un gazomètre établi dans ces conditions ne peut être considéré comme un simple appareil indépendant des constructions auxquelles il est ainsi rattaché, aucune d'elles ne pouvant sans cet intermédiaire indispensable et dont la place se trouve déterminée par sa destination, être utilisée à la fabrication et à la distribution du gaz, telles qu'elles se pratiquent ; que l'usine à gaz comporte non seulement l'existence d'un gazomètre, mais encore son union intime avec le four de distillation et avec les tuyaux de distribution ; que ces trois parties forment ainsi, quel que soit le mode employé pour les rattacher l'une à l'autre, un tout indivisible ayant le caractère d'une construction immobilière ; qu'en décidant le contraire, et en ordonnant la restitution des droits perçus sur les fers et fontes employés à la construction du gazomètre établi par la Compagnie défenderesse, le jugement dénoncé a violé les dispositions du tarif sus visé ;

Par ces motifs et sans qu'il soit besoin de statuer sur le deuxième moyen du pourvoi ;

Casse. . .

Octroi. — Constructions immobilières. — Outillage industriel. — Caractère nécessaire pour la perception des droits.

Lorsque aux termes d'un tarif d'octroi « les fers de toute espèce, aciers, zincs, plombs, tôles....., cuivres, bronzes, etc... destinés aux constructions immobilières » sont assujettis aux droits, il ne suffit pas, pour que des fers et cuivres employés à la réfection ou construction de l'outillage d'une usine tombent sous l'application du tarif, que les machines dans la composition desquelles ces métaux sont entrés aient le caractère d'immeubles par destination, ou que leur mode d'attache à l'usine ait simplement pour but d'assurer leur stabilité.

L'outillage industriel ne peut en effet être considéré comme une construction immobilière que s'il est fixé à perpétuelle demeure à l'usine, s'il fait corps et se confond comme partie intégrante avec elle, au point que la consistance de celle-ci soit modifiée par le déplacement ou le changement des éléments constituant cet outillage.

Tribunal civil de Rochefort-sur-Mer, 3 juillet 1907. — M. Paillet, prés. — (*Delmas c. Octroi de Rochefort-sur-Mer*). — Mes Max Botton et Chasseriau, av.

MM. Delmas frères, fabricants de briquettes, ont introduit dans le périmètre de l'octroi de Rochefort-sur-Mer une certaine quantité de fers et de cuivres, qui ont été employés à la construction et à la réparation de machines et de parties de machines servant à l'exploitation de leur usine. Le maire de Rochefort délivra contre eux une contrainte pour le paiement des droits applicables d'après le tarif de l'octroi aux fers et cuivres « destinés aux constructions immobilières de toute nature ». MM. Delmas frères, après avoir consigné sous réserve le montant des droits réclamés, demandèrent l'annulation de la contrainte et la restitution de la somme par eux consignée en prétendant que les métaux imposés avaient été employés à la construction de machines et non à des constructions immobilières.

Le Tribunal de paix de Rochefort a débouté MM. Delmas frères de leur demande par un jugement en date du 16 mars 1907, ainsi conçu :

LE TRIBUNAL,

Attendu que suivant exploit de Me Bergier, huissier à Rochefort-sur-Mer, en date du 25 janvier dernier, MM. Delmas frères ont fait opposition à la contrainte qui leur avait été délivrée à la date du 23 du même mois de janvier à la requête de M. le Maire de Rochefort-sur-Mer suivant exploit de Me Godillon, huissier en cette ville, pour le paiement de la somme de 908 fr. 80, représentant le montant des droits d'octroi afférents à diverses quantités de fer et de cuivre manquant dans leur entrepôt de Rochefort-sur-Mer le 20 novembre 1906 ; qu'ils soutiennent que ces droits ne sont pas dûs, ces métaux ayant été employés à la construction de machines et non à des constructions immobilières ; qu'ils demandent en conséquence à être reçus opposants à la dite contrainte ; que cette contrainte soit annulée, que les droits qui y sont réclamés leur soient restitués et que la ville de Rochefort-sur-Mer soit condamnée en tous les dépens ;

Attendu qu'il est justifié que les demandeurs ont consigné le 25 janvier 1907 le montant de la somme dont ils réclament le remboursement ;

Attendu que leur opposition est régulière en la forme ;

Au fond :

Attendu qu'aux termes du tarif de l'octroi de la ville de Rochefort-sur-Mer, en date du 29 mars 1901 approuvé par décret du 30 décembre de la même année, les fers de toute espèce, aciers, zinc, tôles, plombs, fer blanc et fontes destinés aux constructions immobilières de toute nature façonnées ou non sont soumis à un droit de 2 fr. 50 par 100 kilos ;

Attendu qu'il est reconnu que la contrainte dont il s'agit ne porte que sur une quantité de 36,352 kilos de fers, qui au prix de 2 fr. 50 représentent bien la somme de 908 fr. 80, pour laquelle elle a été décernée ;

Attendu que les mots constructions immobilières n'ont pas une autre signification, une autre acception, en matière fiscale, qu'en matière de droit commun, que dans le langage de l'octroi on doit les entendre comme les entend le Code civil lui-même ;

Attendu cependant que la condition de perpétuelle demeure n'est pas exigée par la loi en cas d'immobilisation par destination agricole, industrielle ou commerciale, qu'elle n'est requise que dans les autres cas où l'immobilisation a lieu pour l'agrément de fonds ;

Attendu qu'il est en effet de doctrine et de jurisprudence que tous les objets que le propriétaire a attachés au fonds pour son service et son exploitation sont par cela seul immeubles par destination, qu'ils aient été ou non placés à perpétuelle demeure, leur union avec le fonds pouvant ressortir avec évidence de leur affectation spéciale et de leur concours indispensable au service et à l'exploitation du fonds.

Attendu que ces principes ont été toujours appliqués par la Cour de cassation, spécialement en matière d'octroi; que la circonstance que la Cour suprême a toujours relevée comme constitutive de la qualification de constructions immobilières, c'est, lorsque cette construction n'est pas elle-même fixée au sol, son union physique et matérielle avec la construction immobilière dont elle forme une partie intégrante;

Attendu qu'il a été jugé notamment que le droit d'octroi établi sur les fers et fontes pouvant entrer dans les constructions immobilières s'applique aux fers et fontes employés à la construction d'un pont tournant et de sa machine motrice ou servant de lest à ce pont (Cass., 6 juillet 1891) ; qu'un gazomètre reposant sur une aire de béton sans être fixé au soubassement, n'ayant d'autre adhérence avec le plan de ce soubassement que celle résultant de son propre poids, pouvant être déplacé sans porter atteinte aux constructions et au fonds, mais relié aux bâtiments de l'usine et aux tuyaux de distribution du gaz avait le caractère d'une construction immobilière en raison de son affectation et de son concours indispensable à l'usine à laquelle il était ainsi rattaché et que par conséquent c'était à tort que la restitution aux droits perçus sur les fers et fontes employés à sa construction avait été ordonnée (Cass., 29 juill. 1902) ;

Attendu, en fait, qu'il résulte de notre procès-verbal en date du 25 février dernier et de nos constatations faites en présence des représentants des parties que l'usine de MM. Delmas frères se compose de plusieurs bâtiments dans lesquels sont installées les machines à la réparation et à la construction desquelles ont été employés les métaux pour lesquels il a été perçu des droits d'entrée dont on réclame le remboursement, les dites machines servant à la fabrication des briquettes et boulets, que ces machines comprennent notamment, une tubulure à trois branches reliée par des colliers et des boulons d'une part à un tuyau prenant la vapeur à une des chaudières installées avec leurs fourneaux dans la chaufferie dans une construction en briques, à laquelle chaudière le dit tuyau est lui-même fixé à l'aide de boulons, et d'autre part à un tuyau conduisant cette vapeur au malaxeur de l'usine et auquel il est également fixé à l'aide de boulons; une machine molaire dont le bâti est fixé au sol en ciment au moyen de goujons scellés dans le dit sol et boulons mis à l'autre extrémité ; un volant et des poulies fixées à un arbre relié à la dite machine et supporté par le dit palier fixé à la maçonnerie et boulonnés dans cette machine et les dits volants et poulies servant à actionner tous les mouvements de l'usine à l'aide de courroies, de poulies et d'arbres de transmission, ces arbres maintenus dans des coussinets, placés sur des paliers boulonnés à la charpente de l'usine, un condenseur fixé au sol, également avec des goujons scellés dans le dit sol et boulonnés, reliés à la machine motrice et actionné par le piston de cette dernière au moyen de disques; une machine à broyer, un malaxeur, des presses à briquets et à boulets, toutes placées sur des socles en pierre sur lesquelles elles sont maintenues et fixées à l'aide de goujons scellés dans les dits socles et actionnés par la machine motrice ; des glissières fixées au sol à l'aide de goujons scellés et boulonnés et portant des supports dans lesquels passent des tiges qui dépendent de la dynamo et qui sont destinées à la faire mouvoir à l'aide d'écrous, la dite dynamo servant à l'éclairage de l'usine et au mouvement de grues se trouvant sur le quai du bassin, des trolleys placés, se mouvant sur deux fils électriques partant de la dynamo supportés par des consoles fixées à des poteaux en bois plantés en terre dans l'usine et sur le quai et servant les dits trolleys à la transmission de l'électricité aux grues pour les faire fonctionner ;

Attendu que, dans ces conditions, il est bien évident que l'ensemble de ces machines forme un tout indivisible établi pour pour assurer d'une façon permanente le fonctionnement de l'usine à laquelle elles ont été incorporées, dont elles font partie intégrante ; qu'en effet, prise séparément, chacune d'elles ne pourrait remplir le but auquel elle est destinée et que ce n'est que par leur réunion qu'on peut arriver à la fabrication des briquettes et des boulets, objet pour lequel l'usine de MM. Delmas frères a été créée et installée ;

Attendu, dès lors, qu'en raison de leur mode d'attache et de fixation au sol, de leur affectation et de leur concours indispensable à l'usine à laquelle elles sont attachées, ces diverses machines doivent être considérées comme des immeubles par destination, par immobilisation et à perpétuelle demeure.

Attendu, par suite, que les fers qui ont été employés pour la réparation et la construction de ces machines rentraient bien dans la catégorie de ceux qui ont été visés dans le tarif de l'octroi de la ville de

Rochefort-sur-Mer en vigueur à ce moment là ; que, dès lors, il a été fait dans la circonstance une juste application du susdit tarif ;

Attendu en conséquence que l'opposition des demandeurs bien que recevable en la forme, est mal fondée ; que leur demande doit être dès lors rejetée ;

Attendu enfin que la partie qui succombe doit être condamnée aux dépens ;

Par ces motifs,

....

Sur l'appel interjeté par MM. Delmas frères, le Tribunal civil de Rochefort a rendu, le 3 juillet 1907, le jugement dont la teneur suit :

LE TRIBUNAL,

Attendu que les sieurs Delmas frères, interjettent appel d'un jugement rendu, le 30 mars dernier, par M. le Juge de paix du canton nord de Rochefort, qui les a déboutés de l'opposition qu'ils avaient formée à la contrainte décernée contre eux, le 23 janvier précédent, par M. le Maire de Rochefort, pour le paiement d'une somme de 908 fr. 80, montant des droits d'octroi, afférents à diverses quantités de fer et de cuivre, constatés manquants à leur entrepôt de Rochefort, et a rejeté leur demande en annulation de la dite contrainte et en restitution des droits réclamés ;

Attendu qu'aux termes du tarif d'octroi de la Ville de Rochefort, les fers de toute espèce, aciers, zinc, plomb, tôle, fer blanc et fonte, destinés aux constructions immobilières de toute nature, sont soumis à une taxe de 2 fr. 50 par 100 kilos ; que de même les cuivres, bronze et laitons, sont soumis à une taxe de 5 fr. par 100 kilos ; que les appelants soutiennent que les machines de leur usine, à la réfection et construction desquelles les métaux de fer et cuivre dont s'agit ont été employés, ne sauraient être, aux termes du tarif de la Ville de Rochefort, réputées *constructions immobilières* ;

Attendu que, quelle que soit la généralité des termes « constructions immobilières de toute nature », il ne suffirait pas que des objets, placés dans un immeuble, pour son service et son exploitation, ou attachés au dit immeuble, avec une certaine adhérence, aient le caractère d'immeubles par destination, d'après les dispositions des art. 524 et 525 du Code civil, pour qu'ils puissent être invariablement assimilés à des constructions immobilières, au sens fiscal du tarif; qu'il faut, notamment, en ce qui concerne des immeubles industriels, que l'outillage, dans la composition duquel entrent les métaux imposables, soit non seulement fixés à perpétuelle demeure, mais encore qu'il fasse corps et se confonde, comme partie intégrante avec l'usine, au point que la consistance de celle-ci soit modifiée par le déplacement ou le changement des éléments constituant cet outillage;

Attendu que, dans l'espèce, s'il est constaté par le jugement entrepris, que les machines, à la réparation ou à la construction desquelles ont été employés les métaux sus-indiqués, sont la plupart scellées dans la maçonnerie, sur laquelle elles reposent, cette circonstance ne suffirait point, à elle seule, pour les immobiliser, s'il était établi d'autre part, que leur mode d'attache et d'adhérence ne fait pas obstacle à ce qu'elles soient démontées, déplacées et transportées ailleurs, sans qu'il en résultât une détérioration sensible ou une modification essentielle, dans la constitution de l'usine, parce qu'alors, les métaux, affectés à l'outillage, n'auraient pas le caractère de destination et d'utilisation locale et immobilière, nécessaire pour les assujettir aux droits d'octroi ;

Attendu qu'il importe de rechercher et faire constater par expertise, surtout en présence des prétentions et allégations contradictoires des parties, si le mode de scellement et d'attache des machines de l'usine de Delmas frères, a pour but et pour effet d'assurer seulement la stabilité des dites machines, sans les immobiliser, ou si, au contraire, il les incorpore d'une façon si intime et si permanente avec l'usine, qu'elles doivent être considérées comme formant un tout indivisible avec elle ;

Par ces motifs,

Dit, avant faire-droit, que l'usine des appelants, sise à Rochefort, bassin n° 2, sera vue et visitée par M. Lutton, ingénieur ordinaire des Ponts et Chaussées, à Rochefort, que le Tribunal désigne comme seul expert, vu l'accord des parties quant à ce, à défaut par elles de convenir d'un autre expert, dans les trois jours de la signification du présent jugement, avec dispense de prêter le serment prescrit par la loi, lequel aura à dire si les machines formant l'outillage de cette usine, par leur mode d'attache et d'adhérence, sont tellement incorporées à celle-ci, qu'elles ne pourraient être démontées, enlevées et déplacées, sans modifier sa consistance et sans changer sa constitution industrielle.

comprend trois parties (Jurisprudence, Législation, Doctrine) avec une pagination distincte. A la fin de chaque année les *Annales des Chemins de fer et Tramways* forment un volume de près de 600 pages, y compris les Tables alphabétiques et méthodiques qui le terminent.

Abonnements. — Les abonnements sont reçus à l'Administration des *Annales des Chemins de fer et Tramways*, 14, rue Soufflot, à Paris, et chez les principaux libraires. — France et Union postale, **20 fr.** par an. Les abonnements partent du 1er janvier et ne se font que pour l'année entière.

Vente des Livraisons et des Volumes des années précédentes (1899-1907). — Chaque Livraison, non encore épuisée, est vendue séparément 2 fr.

Les Volumes brochés des années achevées sont, jusqu'à leur épuisement, à la disposition des personnes qui désirent en faire l'achat. Le prix de chaque volume est de : 20 fr. pour l'année 1907; 10 fr. pour 1906 ; 5 fr. pour les années précédentes.

Spécimen. — L'une des Livraisons sera envoyée gratuitement franco, comme spécimen, à toute personne qui en fera la demande.

BIBLIOGRAPHIE

De l'exemption des Droits d'octroi pour la construction et l'exploitation des Chemins de fer et des Tramways, par Max Botton, Docteur en droit, Avocat à la Cour d'appel de Paris (2e édition, entièrement refondue). — Une brochure. — Arthur Rousseau, éditeur, 14, rue Soufflot, Paris. — La construction et l'exploitation des Chemins de fer et des Tramways dans le périmètre d'une commune nécessitent l'emploi de matières imposables au tarif de l'octroi.

Si le réseau des Chemins de fer ou des Tramways n'est pas strictement limité au périmètre de l'octroi ou n'est pas exploité dans le seul intérêt de la commune qu'il dessert, les matières ainsi employées par les entreprises de voies ferrées, peuvent être considérées, suivant leur usage et leur affectation, comme des objets de consommation locale ou comme consommés dans l'intérêt du commerce général.

Dans cette deuxième hypothèse, d'après les principes de la législation relative à l'octroi, elles sont exemptées de tout droit.

Mais, si un tel principe est indiscutable, il n'est pas toujours facile d'en faire l'application. Aussi, voit-on naître chaque jour des difficultés nouvelles, des questions multiples et délicates qui provoquent des conflits et des litiges entre les communes et les Compagnies de Chemins de fer et de Tramways.

Ces questions deviennent de plus en plus fréquentes. Cela tient au développement du réseau des Chemins de fer et à l'essor considérable donné, pendant ces dernières années, à l'industrie des Tramways. Les communes veulent tout naturellement en faire bénéficier leur budget et, pour y arriver, l'application des tarifs de l'octroi est un moyen facile. Mais, on le comprend sans peine, les entreprises de voies ferrées opposent une vive résistance. Elles sont, pour lutter contre les communes, généralement mieux armées que les simples particuliers. Aussi les litiges qui surgissent présentent-ils un sérieux intérêt et ne prennent-ils fin, parfois, que devant la Cour de cassation ou le Conseil d'Etat.

Il peut donc être utile d'exposer, en les résumant, les principales questions relatives à l'exemption des droits d'octroi dont peuvent bénéficier les matières destinées à la construction et à l'exploitation des Chemins de fer et des Tramways.

C'est l'objet de cette brochure qui présente un intérêt tout particulier pour les Compagnies de Chemins de fer et de Tramways et pour l'Administration de l'Octroi.

Travail exécuté en commandite par des ouvriers syndiqués.

Typ. F. Guyon, Saint-Brieuc. (404-2-8-500)

www.ingramcontent.com/pod-product-compliance
Ingram Content Group UK Ltd.
Pitfield, Milton Keynes, MK11 3LW, UK
UKHW012118240726
13965UKWH00005B/1837